"MASTERMIND"
智囊团的力量

让职业及个人生活成功的秘密武器

EDOARDO
ZELONI MAGELLI

爱德华多·泽罗尼·马哲利

版权所有© 2017 Edoardo Zeloni Magelli

爱德华多•泽罗尼•马哲利

保留所有权利

ISBN: 978-1-80154-308-8

第一版：2017年9月

作者：心理学家，企业家和顾问。 爱德华多•泽罗尼•马哲利于1984年出生在普拉托。2010年，在职业心理学专业毕业后，他创立了自己的第一家初创公司。作为商人，他是 Zeloni Corporation 的首席执行官，Zeloni Corporation 是一家专门研究应用于商业的心理科学的培训公司。他的公司变成了任何想要实现想法或项目的人的参考点。作为一名心理科学家，作者是原始心理学（Primordial Psychology）之父，帮助人们在最短的时间内增强自己的思维能力。在业务之外，马哲利是音乐和体育爱好者。

UPGRADE YOUR MIND → zelonimagelli.com

UPGRADE YOUR BUSINESS → zeloni.eu

译者：Aurora Visintini
Aurora Visintini，中文名字曙光，1990年出生于意大利，中国南开大学语言应用学硕士，主要从事学术论文翻译。

　　本作品不能擅自复制和截取为了使用在商业用途以及职业和任何经济相关的行为中，如果有商业用途或者职业及任何经济相关的使用需要，必须取得作者的授权许可。

读者因本书籍导致直接或间接地造成的任何损害或经济损失，作者对此不负任何责任。

"Mastermind智囊团可以为你和你的企业创造想象不到的奇迹。通过它你可以克服自己的极限并在职业和个人方面向上改进。让咱们的旅程开始吧！"

目录

1. 智囊团   7
2. 智囊团的历史   11
3. 成员的选择   17
4. 如何进行   25
5. 智囊团的优势   33
6. 圆桌会议   35
7. 同行小组   39
8. 如何寻找并且创造一个智囊团   43
9. 建议   45
10. "Simpocean"：年度高峰论坛   49

1

智囊团

智囊团是一个非常强大的秘密武器,它很快会让你成功。智囊团是由优秀人才组成的团队,这些人为了对自己获取的结果进行改善,以和谐的精神而定期聚会,并且互相讨论和互相帮助。

智囊团内大家会共享信息,个人意见以及工作策略,通过采取所有能人的才能和想法而解决问题、克服困难并且通过各个项目的挑战:是一种有助于改善自己的经营项目, 同时跟来自不同的领域的专家有对比的重要机会。
因此智囊团也可以作为个人的心理支持工具。

这种团队不分等级，所有人之间的关系是平等的，也就是说决定讨论的原则采用民主制度。

而且这也是跟其他专家合作的一次机会，虽然这不是主要目的，但是往往会产生合伙关系，或者合资企业的诞生，甚至会交新的朋友。

加入智囊团的能人都有共同的个人发展以及职业发展目标。智囊团的聚会不是正式的，但也不等于一群朋友出去玩随便聊天一般，不然这么做会耽误团队其他人的时间。

通过智囊团，我们可以更好地了解，影响职业走向成功的所有过程，同时会了解为了实现目标所需采取的步骤，以及为实现目标而实施的策略。可以称其为一个会让你获取新的技能的"大脑联盟"会议。

具有这些特征的群体，也就是说朝着特定目的发展的一种团队，能够以指数方式成倍增加群体成员的成功能力。

最后智囊团还成为一次面对面讨论一个或多个的话题的机会，而这机会往往像古代时候一样会变成人与人之间相互启发的重要时刻。

"智囊团的原则是由两个或多个具有思想的人组成的联盟,而这些人以完美的工作方式协调达到明确的共同目标。 没有人和人之间的相互帮助就不会有成功"

--拿破仑·希尔

2

智囊团的历史

随着时间的推移,人类已经忘记了对话其实是一种真正的艺术。 我们忘记了过去,了解过去对于更好地理解现在并且建设未来来说是十分重要的。人类的历史是循环的,同时可以理解为一系列的重复课程。

古希腊和古罗马时,讨论会[1]是宴会之后一种欢乐的练习对话之机会,在此,客人们会一起进行不同的活动如吃、喝、前面提的对话、还有唱歌、玩耍、跳舞、开玩笑等等。

讨论会的第一份书面证据是所谓的"内斯特杯",即公元前8世纪下半叶的一种杯子[2]。"讨论会"这个词来自古希腊语,意思是"一起喝酒";"convivio"来自拉丁语,意思是"一起生活"。

古代的讨论会主要有两种类型:第一种与斯巴达式的讨论会[3]相似,是一种积极性的会议:许多文人会选择这种讨论的好机会,并且会把它看成一种适遵守着法律的适度欢乐的时间。

古时,吃饭是一种良性教育的机会,比如说年轻人会一边吃一边参加政治讨论;消极性的讨论会反而会基于粗俗话题,而且参加者还采取一些过度的行为如性交配和醉酒。

因此,第二类的讨论会往往会变成享受性爱和酒水的场合:这过度饮酒和不受限制的交流的环境有时候是庆祝政治的机会,有时候也会变成阴谋的场合。

---

[1] 拉丁语 "convivio"
[2] 古希腊语 "skyphos"
[3] 古希腊语 "syssition"

所有参加讨论会的客人们-可以看成一种由成年男性公民组成的政治协会[4]-平时都具有共同的思维和理想，并以寡头政治倾向分享同样的生活观念。因此古代的讨论会不仅仅是一种普通的会议，更是一种文化交流的机会，此时人们会讨论不同话题，同时分享思想和个人观点。总的来说，讨论会结合了交流与朗诵诗歌，欣赏音乐和舞蹈，以及享受美食和好酒等乐趣。

在古代的时候一起吃饭是具有社会性的相互认同价值，使参与其中的人更加亲近，大小适度的宴会规模也会让人感到亲近，并且会让每个客人都能够看得到和听得到每一个人的交流。

在交流时，最受欢迎的主题经常包括经济、哲学和文学，同时还经常会提到跟政治和社会有关的话题，往往还会讨论道德，礼仪和宗教相关话题；可以说讨论会是锻炼口才的好机会。在古希腊，贵族和统治阶级通常习惯聚集在一起为了讨论政策和文化等问题。

---

[4] 古希腊语 "eteria"

随着时间的流逝，政治斗争越来越少，城市结构越来越发达，因此讨论会变成了朋友之间的私人聚会，不过始终会保持着社会聚集的精神。

今天该概念与过去的意思依然相同；拿破仑•希尔在在1920年出版的《黄金法则》一书中首次介绍里"Mastermind"智囊团集团的概念，而他的这一信念充满了理想、激情和热情。希尔是现代文学体裁里个人成功理论的第一批制造者之一，并且当时是美国总统富兰克林•罗斯福的顾问。他发现了那些积累了大量财富的人的秘密就是背后有支持他们的团体。

那时候第一个激励希尔的是著名企业家安德鲁•卡内基：作为"美国梦"的重要代表人，卡内基很年轻的时候离开了他的家乡苏格兰，为了寻找财富而前往美国。

1865年卡内基他建立了自己的公司-卡内基钢铁公司：该公司使匹兹堡城变成了钢铁行业的首都，同时也让卡内基变成了世界上最富有的人之一。

卡内基打造了美国历史上最强大并且最有影响力的公司，他自己也成为一个非常有钱的人，有一些人认为他的资产，以美元评估，在人类历史上可以排到第二，并且如果采取等价换算他的资产可能达到美国历史GDP第五名。

卡内基六十五岁时将自己的公司卖给了银行家J.P.摩根为4.8亿美元，剩下的资产大约3.5亿美元都捐赠出去了，以资助并且建立世界各地的大学、图书馆和博物馆为主要目的，在人生最后他把时间都献给了写作和慈善事业。

当时安德鲁·卡内基被由五十人组成的团队包围着，目标是成为钢铁生产和市场的领导者。他宣称，他获取的整个财富应归功于通过这一群体积累的力量和知识。

拿破仑·希尔当时还采访了波士顿六位最富有的人。它居然又发现了这些成功的人的秘密还是背后支持他们的团队。这些人是在他们还什么都没有的时候彼此认识了，然后由于互助，分享自己的经验、知识和资源最后达到了成功，并且互相认识之后他们还持续聚集在一起，目的依然是为了获取更好的成果。

拿破仑·希尔在1937年出版了著名作品《思考致富》即带来成功的哲学精华之书，之后智囊团的概念已经发展成对成功人士的一种非常重要的工具。

3

成员的选择

智囊团的核心是人才的选择。人才的质量决定了思维和想法的质量。有了合适的人才，就可以创建一个具有长期愿景的强大支持系统。该小组没有真正的领导者，所有人可以分享领导的身份因为这是一个由具有相似价值观和同等才能的人组成的团体。

"在你进食之前，先好好想想要与谁同食，而不是吃什么、喝什么；因为没有朋友一起进餐，生活无异于狮子或野狼"

——伊壁鸠鲁

古罗马哲学家赛内卡在写给朋友 Lucilius 的第十九封信中引用了伊壁鸠鲁的这谚语，强调了选择同餐朋友的重要性。这同时也是对古罗马贵族的宝贵建议，即不应该为了利益假装愉快的与自己的被保护民[5]同餐，而应以真诚的友谊为目的[6]。

"Errat autem qui amicum in atrio quaerit, in convivio probat"

"另一方面，那些在门口互称朋友，而后却在宴会当中测试友谊的人，也做的不对。"

---

[5] 拉丁语 cliens

[6] 古罗马时的"cliens"是针对自己保护民"patronus"具有一系列义务的公民

有时候，所有人似乎都是朋友，但真正的朋友只是那些会在我们遇到困难时而会支持并且陪伴着我们的人。这是一个适用于许多不同场景的一种道理，使我们明白那些将成为我们真诚的朋友的人不是我们在俱乐部和派对中遇到的人，而是那些与我们愿意分享时间、爱好和计划的人。

如果你认为只有你才可以做出建议，那么你可能加错了群。智囊团的关键词之一是"互惠"。

•永远不应加入Mastermind集团的一种人是善良，但不够专业，同时没有方向的好人。这类人不适合加入，因为他们只会擅长说出自己的想法，却永不会有实际的结果的人，因此可以说他们不现实。这种人同样宁可不要工作创造事情，也愿意出去玩。

•在大家愿意建立良好并且长期关系的情况下，需要找到主动，积极向上的人才；这些人必有正确的心态，即改善自己的人和自己的项目的倾向。

•需要具备解决问题能力的成员。

- 需要有相对经验的人；类似于爱好者，但没有过经验的人群不合适。

- 智囊团不欢迎自私，自以为是的人，也就是说那些只看重自己的利益，而不愿意为别人付出的人。他们是不断从别人那里拿走而不还回任何有价值的东西的人。Mastermind 小组以分享思想和经验为基础。

- 智囊团成员，即使他们有相同的兴趣，也不一定要专业一样，或者同样的经历，也不得具有相同的技能，不得属于同一性别，且不一定具有相同的年龄。这些都是非常重要的因素，因为只有多样化才能为互相学习和添加经验，同时从不同的视角分享不同的观点。

群体的多样性是一个非常重要的因素，这因素在我看来也有助于利用我认为最强大的武器：转移学习。

转移学习是非常厉害的一门科学，它可以提供给你大部分人无法拥有的竞争优势。

迁移学习基于从不同的范围那里学到知识，简单的来说这种学习方式使你的想法更新更全面，而如果你一直只研究你自己的行业，你是无法得到新的启发。

当我们在某个领域中获得新知识并且我们有能力将其应用于其他领域时，这是一种成功的战略。

当我们能够将从不同的领域中学到的东西，还有通过批判性的思考和新建立的逻辑联系应用起来时，就有可能会出现启发和革命的诞生。

使用这种技术研究信息，可以让你大脑发育得更好，让你建立新的逻辑关系，向你展示新的视野。你将学习如何连接各个领域的所有信息，并学会利用这种技术所产生的巨大力量。可以说知识是毁灭性的；我们有很多东西需要学习，但我们学习的东西越多，我们越意识到自己知道还不够多。人生必须是一个持续性的研究，为了改善我们的生活，开阔视野，对自己和周围的环境所产生的幻觉和误解作为保护。

我们可以毫无疑问地利用不同来源的知识，并以指数方式利用智囊团给我们的力量。

选择成员之后，达成大家认同的协议也是有用的。在第二次聚会之前，没有人算是固定地进入了该组，也可以为新的成员准备一次的测试，让他们体验一次或两次Mastermind。在第二次会议之后，如果每个人都同意，该成员则可以加入小组。

比较重要的是，成为智囊团成员的人需要为其他会员提供附加值，如果他们不遵守规则而且没有增加任何价值，在第一次临时性的开会之后，他们的名额将被取消。

既然智囊团是给予支持的长期系统，大家必须得付出，会员也必须保证自己的准时参与。

智囊团成员数为4至8人为佳的情况，可以在开会当中深入谈到所有话题。人数过多的话，有可能会出现杂乱，时间不足的情况。

此之外，成员之间需要签订保密协议，每次的聚会要远离目标不明的人的视角，并且在聚会中讨论过的内容要保证不会泄露。

4

如何进行

理想的智囊团基于良好的规划,需要系统性的安排会议。首先,需要选举指挥人、调解人、主持人和所谓"宴会之王"。每次聚会时所有成员可以轮流行地当不同的的角色。"宴会之王"古时是一位热烈受邀的嘉宾,他负责管理整体会议,并且使它更活跃。他的象征是一朵比其他客人更鲜艳的花冠或常春藤叶做的头盔。

另外,主持人也十分的重要,他负责遵守安排表的时间和顺序。

智囊团的会议不等于朋友之间随意聊天，而是深层的讨论并且受到启发、找到动力的重要时刻。可以面对面参加会议，也可以经过虚拟会议参加例如通过Skype或HANGOUTS超越实际的时间和地点障碍。总的来说，智囊团的基本条件是分享自己觉得为自己和其他成员比较有意义的内容。

在会议当中大家会谈到新的目标和不同的问题，会深层地讨论各种主题，同时还会思考关于智囊团收到的建议和客户的反馈；成员之间会互相激励，有些人会带来材料为了咨询，也会推荐阅读和名言，甚至会讨论使用哪种软件最好。在这些会议期间，我们通过交流、互相分享知识和经历、会同时使得自己和其他成员更加丰富，最终会为下届会议设定目标。

最重要的因素是坚持遵守安排表，而不要偏离与Mastermind无关的内容，即将私人生活留在智囊团之外；如果非要谈论私人问题，可以在会议结束时一起讨论。

场地

智囊团会议可以在任何地方进行，前提是场所比较私密和安静，这样不会有让人分散注意力、干扰的因素。会议可以安排在某人的家里，有时候也可以进行在别墅，酒店，农场餐厅，水疗中心，荒凉的海滩，如果没有别的好去处，餐厅甚至也可以，但是会偶尔受到打断，并不算一个好的环境。

安排表

首先需要决定在会议中会先讨论哪些主题以及如何处理这些主题。开始会议比较好的一种方式是先分享目前已取得的小成就，会员们轮着跟大家共享自己的结果，这有助于给开会设定节奏。在进行第一次会议时，最好在详细讨论话题之前保留自由发言机会。

我的建议是始终安排日程计划并确定当天要讨论的话题，例如：

- 生产力和时间管理主题
- 营销主题
- 销售主题
- 头脑风暴会议主题
- 管理人力资源主题
- 客户管理主题
- 研发主题
- 数字化主题
- 未来主题

其次，可以提一些问题，例如：

- 你在此期间遇到的最大困难是什么？
- 你是如何处理并克服这一困难的？
- 你使用了哪些策略来实现结果？
- 自从上次会议发生了哪些重要的事件？
- 有哪些新机会？
- 最重要的目标是什么？
- 需要克服的新挑战是什么？

一个典型的安排表可以如下

- 庆祝成就
- 分析上一届会议的目标以及大家遇到的任何问题
- 分析已取得成果的成功战略
- 解决当天的主题或你选择的主题
- 分析问题，包括有助于克服该问题的任何想法、建议和策略
- 设定下一届会议的目标

时间

可能性很多，你可以自由选择你喜欢的时间。比如，你可以安排你的智囊团会议在如下时间段内：

- 每周会议约 90 分钟
- 每月开一整天的会
- 每个季节在两个充分的日子开会
- 一年开一周的会

尊重提前定的时间是非常的重要，要不然有可能会让Mastermind变成朋友们之间的聚会似的，尽管这是会让大家高兴的事，但这样是无法实现职业成长的目标。

大家会轮着回答问题，而其他人严格保持安静并拿笔记，写下如何帮助他人的想法和解决方案。

为了保持有效的团队，最好有一个用于管理时间的计时器，因为总会有稍微罗嗦一些的人话过多。采用定时器的话能保证每个人有充足的时间表达自己的想法。因此我们总会使用计时器，而每个人都有几分钟的时间来评论和提供建议的机会。当智囊团其中某一个成员遇到里紧急情况时，也可以举行例外特殊会议。

"HOT SEAT"

成功进行Mastermind会议的一种方式是使用"Hot Seat"。所谓的"受欢迎座位"指的是所有人有机会说出自己的困难并寻求帮助一种特殊待遇。实际上就是一个放在会议室中的凳子，所有人的注意力都会集中到坐在这个凳子上的会员身上;这绝对是最自私同时也是最无私的场景之一。

当轮到我们时,我们要尽量"自私"地利用其他会员愿意提供的帮助以获得别人最大的支持,从而发展和提高自己。这意味着我们可以自私为目的稍微自私一些,你会受到大家的支持。在遵守安排表的前提下,所有人都有机会说自己需要什么:这就是从团队那儿获得最大的帮助的机会。当轮到你时,需要以渴望知识的心态来求助。如果这样做,你将提高你的工作质量。

在会议中大家都分享成就同时能得到反馈。这会导致你确实直到下一届会议都会感到"压力",并会鼓励你做得更好,探索更多的结果,而下次会议你还会有机会坐在HOT SEAT上说说关于自己的。这会让你变得更加负责任。

- 你在做什么?
- 你是如何得到这些结果的?
- 有哪里不顺利?
- 你需要什么样的帮助?

你不要感到别人在考问你一般，这个团体反而是你的盟友。当你的发言时间到了，即使你最近没达到明确的成果，试着想到某个小小的成就也好，如吸引了新订阅者，增加了网站访问量或获得了某人的称赞。虽然这些只是小成就，但也值得跟大家一起分享。

5

智囊团的优势

参加智囊团会议可以加速你的转型,会改善你的个人看法和你的业务活动而且还为你提供额外的多种好处。

简而言之,智囊团的优点为:
- 相互支持
- 互相交流并且获取不同资源,知识和战略
- 获取不同的观点和新的思考角度
- 创建和扩展个人网络
- 建立长久深厚的友谊关系
- 获得责任感和个人启发
- 共享信息
- 保持专注于目标

6

圆桌会议

偶尔可以安排一次"圆桌会议"。"圆桌会议"来自于卡米洛特城堡的桌子,亚瑟王和他的骑士们习惯坐在那里讨论各种跟王国有关系的问题。当时的圆桌会议的目的是避免声誉相关竞争。由于桌子的形状,没有任何突出的位置和身份,所以每个骑士,包括国王,都拥有与其他所有人相同的地位,包括亚瑟王也在内。

今天的圆桌会议是进一步的对比机会。圆桌会议向观众开放性,但是参与者数量有限,而且成员都是专家。圆桌会议的目的是深层分析非常热门的话题,即可以在参与者和公众之间进行持续互动的一种会议。会议成员必须得了解好主题才能辩论。会议开始之前会一起选好主题，其次会选择场所和布置，最后要考虑到合伙人和会议的总时间。

下一步是联系嘉宾，并且预算有可能来参加的人数。邀请函以纸质形式或电子形式写好发送出去，然后需要测试会议室的音响效果。最后，最好还是联系餐厅为在场的人们举办一场宴会，这一点总是很受欢迎的。

活动的推广也是非常重要的。邀请函和所有作为广告的资料都必须显示圆桌会议的标志，在邀请函里必须得显示清楚会议的主题，推广人，主持人，当然还有日期，具体时间，城市和地址包括会议室的房号。而且可以提供有助于到达目的的地图，包括可以使用的交通工具。最后，需要说清楚参与费和报名方式。

推广活动是非常的关键的。需要利用网络，例如通过网站，邮件，社交软件等方式，特别是通过自己的渠道，来宣传该活动。还可以利用传统广告，如城市里贴的标牌，广告车和传单分发。

如果有来自国外的参与者,则有必要通过确定合适的住宿设施来考虑其服务质量和与该地点的距离来规定他们的住宿。

7

同行小组

"你就是和你平常相处最多的五个人的平均值。"

——吉米·罗恩

我们周围的人对我们有一定的影响。要了解一个人赚多少钱，要找到他最亲密的五个朋友并且计算他们的平均收入。要了解一个人的愿望，同样要找出他最亲密的五个朋友，你这样就会有答案。如果你想了解一个人，找出他最亲密的五个朋友，你大概就可以猜对。

当你是老板时，通常也会面对孤独感。人们不理解我们的选择，其他人会取笑我们，还有人则忽视我们的选择了。你不能继续倾听那些不相信你和你的能力的人。生活在一个不给你信心的环境，你就有可能也会说服自己你真的无能没价值。

"那些只知道与他人分享抱怨，问题，糟糕的故事，恐惧感和批评，你们放弃他们吧！如果有人在找个垃圾桶扔垃圾，请不要将你的脑子看成垃圾桶。"

——第十四世达赖喇嘛

我们经常相处的人和他们的世界观都会直接影响到自己，人是社会动物，因为他倾向于与其他人聚合并将自己形成社会。而且我们之间的关系影响着我们的故事和个人信仰。

我们不满意自己的人生绝不能去责怪别人，但我们经常相处的人却会影响我们对世界的看法。我们可以选择跟谁花掉自己的时间，跟谁来度过我们的日子，并且与其分享我们的爱好，我们需要与自己合得来的人相处。

你需要周围有帮助你成长的人，这些人的世界观与你的比较一致，因此他们可以作为支持，鼓励和激励你的盟友。你要远离那些违背你的想法和你的计划的人。你必须寻找在你同样的领域内已获取成就的人，让他们告诉你他们自己的经历，并让他们教你一些成功的策略。只有那些在某个部门达到成功的人才能教你如何在该领域中获得成就。我们始终必须受到成功人士的启发。你的附加价值是与已进化成功的人才围绕在一起。你必须像一块海绵一样吸收周围的一切才能变得更伟大。

"如果你是室内最聪明的人，你就进错房间了"

8

如何寻找并且创造一个智囊团

要寻找或创建一个智囊小组，你必须首先有一个基本的要求：动机。如果你有动力，你可以开始寻找对你项目感兴趣的人才。如果找得到合适的人，创建一个Mastermind是非常的简单。首先要联系一个想要与之对比，并发展他手中的业务同行，靠谱的伙伴，再是寻找其他成员。如果他们不知道你正在谈论的海岸，可以给他们看这本书。你需要确定你的能力范围，而且在你与其他人进行比较之前，请开始研究你想讨论的内容并且做好准备。

为了找到你的未来智囊团的新成员，你可以使用社交软件 Meetup：这是一个有助于认识来自世界不同的地方的人的平台，并且可以跟与自己有共同爱好的人组成团队。

你必须愿意花你的时间去实现智囊团的建议和它推荐的元素，否则你几乎不需要参加。请记住你始终要去实现你受到的建议和你获得了的策略，因为光知道往往不够。如果不去实现，参加一个 Mastermind 就毫无用处。你还要记得在生活中，有想法远远是不够；最关键的的是该想法的实施。

9

建议

平时我习惯在会议开始的前几天给所有团队的人发送会议的安排表,就是告诉清楚我想要讨论的内容是什么,这样大家可以提前做好准备,而且可以以更加认真和有意识的方式来参加开会。

这是一项带来很高收益的战略。从他们完成阅读会议安排表的那一天起,直到会议开始当天,他们的大脑在不知不觉中已经开始思考为新的想法和解决方案。相信我,最好的想法是当你做其他事情时而出现。
我们这样会经常在会议之前已经解决好问题:这使我们更有效率。

开会当中总会有一名负责写关于会议的详细报告的人员，他的任务也包括会议结束后将报告的结果与所有成员都一起分享。

致力于提高注意力的另一个建议是经常改变开会地点，永远不要坐在同一个地方，要在同一个会议期间经常改变位置。这种不停的变化让你保持注意力并刺激到大脑区生产新观点和新的思考问题的角度。

我的许多愿意应用于我的"持续刺激的变化"理论（泽罗尼·马哲利的书：《持续刺激的变化》）在日常生活中能达到生产率和注意力的良好效果。

我们在Mastermind会议中所定的"必要点"（即固定的不可避免的条件）是与外界完全断开联系，也就是说不允许用电话（意味着手机要关机，静音状态也不行）不能检查邮件，也不可以使用笔记本和互联网。当你为了获取更多的信息而需要访问网络时，我们会允许大家在会议结束时自由上网，但是在开会当中要完全脱离网络以及与外界的联系。

在会议的最后阶段里,所有参与者都要在每个人面前大声宣布自己的目标。不要害羞,要假装自己在比赛开始之前在更衣室里而大喊大叫似的。大声宣布你的目标将帮助你变得更具体,并会让你更加努力。

当你达到里你的目标,或者是获取一个小的成就时,要学会习惯性的祝贺自己。也可以安排个晚餐,准备一瓶香槟,无论怎么样最重要的的是你要这么做,因为这是一种非常强大的鼓励工具,它将作为当时取得的成果的见证。因此你要记得庆祝你的成功,即使是小成功也必须得在第一时间做到。

我能给你的另一条建议就是为你生活中的每个领域建立更多的智囊团。每个人都会经

历不同的事情,而你要为每一种事情准备不同时间段的会议。比如说,有些团队喜欢每周聚会90分钟,而其他的小组更喜欢每月聚在一起,还有其他的更喜欢一年开一次会。你应该了解什么是最适合你们的情况,为了让你的团队增加效率。

10

"Simpocean"：年度高峰论坛

我很好奇想问你是否知道我们要开始谈论"Simpocean"之前，我们先必须得提亚特兰蒂斯，在时间的迷雾中消失了的古老淹没岛屿。它首次在公元前355年左右的柏拉图式对话《Timeo》中被提到过，《Timeo》绝对是柏拉图深化宇宙并且描写人性的本质和人的起源的最重要，最有影响力的作品之一。

正是由于柏拉图的着作，人类才知道亚特兰蒂斯的故事。

"[...]这种力量来自大西洋,因为在那些日子里,大西洋是可通航的,并且在那个海峡前面有一个岛屿,就像你们说的海格力斯之柱一样。 岛屿比利比亚和西亚都大,它是通往其他岛屿的通道,从那岛屿可以到达对面绕过大海的大陆。 我所说的这海洋似乎是一个狭窄入口的港口,而另一个可以称之为真正的海洋,并且似乎拥抱着它的是真正的大陆。 现在,在这个亚特兰蒂斯岛上有一个伟大而令人钦佩的王国力量,这个王国管理整个岛屿和许多其他岛屿以及非洲大陆的部分地区。 此外,亚特兰蒂斯利还管利比亚地区,甚至占据埃及和欧洲的蒂雷尼亚大区。[...]"

在最伟大的文明诞生之前，有一个非常发达的文明--亚特兰蒂斯人。亚特兰蒂斯据说是一个完美的国家，它的历史在公元前9000年已达到了顶峰，并将文化和文明带入了整个世界。

亚特兰蒂斯似乎是尘世的天堂。它充满了珍贵的矿物质，肥沃的土壤，许多森林，无与伦比的动物群，地球为它生产丰富的产品。在岛上被建了很多寺庙，宫殿，港口和其他雄伟的建筑。它已经成为大西洋中的一个强大的王国，其北部和沿海有山脉，南部有平原。该岛古代时被分为十个大区，该大区由海神波塞冬的十个儿子统治的。公元前9600年左右 西欧和非洲的大部分地区都被亚特兰蒂斯帝国所征服。这个日期恰逢地球史最后一次冰川的结束和在今伊拉克被发现的第一个城邦的诞生。在试图征服雅典之后，已经腐败并且破坏了和平和谐的社会的亚特兰蒂斯被波塞冬摧毁并遭受了可怕的灾难。

"[...]然而，后来已经历了可怕的地震和洪水，在一天一夜的过程中，你们王国的整个军队突然在地下坍塌，而亚特兰蒂斯岛以同样的方式被淹没，永远从海里消失了。[...]"

伊格内修斯·L·唐纳利，美国政治家、散文家和专家，从他在1882年出版的《亚特兰蒂斯》书中能看出，作家深信许多人类伟大发明如冶金、农业、建筑以及宗教甚至语言都起源于亚特兰蒂斯，该文明后来然后将知识传播了给还不发达的古代人。

这理论与"古代接触假说"比较相似，这一理论提出了外星文明之间的联系，该文明有古代时候可能干涉了地球上人类的知识，如苏美尔人，埃及人，古印度的文明和前哥伦比亚文明。

"马卡罗尼西亚"：指的位于非洲海岸附近的北大西洋不同的群岛。该群岛的地理位置符合柏拉图的描述，也就是位于直布罗陀海峡和赫拉克勒斯支柱之间。马卡罗尼西亚群岛被认为是古代失落的亚特兰蒂斯大陆的遗迹。

马卡洛尼西亚这个词来自希腊语[7]，意为"有福的岛屿"，古希腊地理学家用来指代直布罗陀海峡以外的一些岛屿。该群岛被视为"幸运岛"，在此众神欢迎英雄和非凡超人。

"SIMPOCEAN – Mastermind智囊团年度峰会" 就将在海格力斯之柱附近而进行。这可以理解为十分高级的Mastermind会议，有点像古代"幸福岛屿"的宴会一样。

这次会议会在幸运岛上进行，具体在大西洋中部的一个火山岛上；该岛被联合国教科文组织宣布为生物圈保护区，一个和亚特兰蒂斯一样美的环境里，即位于属于马卡洛尼西亚的最古老的加那利群屿上：富埃特文图拉岛。

这将在在大西洋中的一周Mastermind会议是你的小组与其他团队的人才交流的一次机会，目的是不停地的提高自己的知识同时给自己带来数不尽的优势。这同时也是与来自世界各地高层人士进行交流的宝贵机会，该机会将扩大你的业务范围并加强你的全球关系网络。

寻找失落的亚特兰蒂斯活动已经持续了数千年，就像人类不停地寻找真理和知识一样；那么，柏拉图的作品以及智囊团将在"Simpocean会议"中提出的各种战略一样

---

[7] 古希腊语 μακάρωννῆσοι（makarōnnêsoi）

都是非常宝贵，向往成功之道的建议。有点像假装可以利用波塞冬神的力量来唤起能力的海啸，创造出犹如大自然般庞大的智慧力量，最后灭掉无知的存在。

"Simpocean"欢迎知识分子和非凡意志的人，为了重新发现会话的艺术。 从柏拉图式的对话中，我们回归对话，就像回到古代宴会的欢乐一样。 我们将像种植小麦一样，重新培养知识。 这次会议像归于亚特兰蒂斯发达文明一样，是写为知识、文化、智慧、艺术和正义的赞美诗一般。

甄选参与者

只有入选非常强大的"50位"名单才能参加"Simpocean"会议。只有在仔细精选之后才能加入该名单。来自全世界的专业人士都可以申请参加竞选，因为世界总是需要新的大脑、新的想法、善良的人以及有动力的人。"Simpocean"之精选是全球性的 "大脑选拔"。 如果你认为你有特殊的才能，并且你想要成长，同时希望能创造属于自己重要的事情，那么我建议你申请报名。

选拔候选人都将参加一个真正的智囊团。 在此期间，专业人士的才能将受到评估，主要取决于他们已获得的成果以及他们想法的可实施性。这些因素都是成为高级 Mastermind 小组的基本条件。

所有候选人都将获得分数，并将进入全球排行。 如果你想参加，可以在网上搜索，并要注意仅在官方渠道上申请。

想要参加评选的人,需要至少申请参加过Mastermind会议官方网站上的任意一次经过认可的活动。网站地址(<u>simpocean.net</u>)

如果您是活动策划者,则可以申请获得活动的许可。只需在网站上查看和提交您的策划方案,我们将会对其进行评估。如果成功,您的活动将被记录积分。

怎么进行论坛周

富埃特文图拉岛上的开会将以全保密，远离窥探的目光的形式来进行。 该会议安排为：

• **第1天：精神重置** 精神再生：
冥想、正念以及其他活动

• **第2-3天**：属于"50位"名单的成员将被分为几个小组；几次单独会议将开始。 经过 泽萝霓·马折利 所发明的"交叉群体动力学法"的方式，将建立由4到8名组成的智囊团，并且该小组将从其他成员那边受到知识和企发。

• **第4天**：综合性会议

• **第5天**：岛上游览日

• **第6天**："愿景日"以及"新个人网络的创建"

• **第7天**：自由安排 允许想象力自由奔跑的日子

MASTERMIND 活动

在这里,您会找到一些经过许可的并向公众开放的 Mastermind 策划活动,您也可以参加。

生活中没有能让你直接获得有关成功的魔法,但是生活中往往存在一些捷径。更快获得正确的信息,将避免反复遇到同样的错误和障碍,这阻碍成功的一段漫长路径。
这样您就会节省时间、金钱、精力和
资源,因为您将知道哪些手段有效,哪些则无效。

MIND MASTERMIND:
世界第一个关于思维增强的 mastermind,您可以从其中学到如何增强思维的力量。

THE MASTERMIND WEEKEND:
面向商业的心理科学专业的营销,销售和企业财务管理培训的一个周末,以学习最佳的国际行为,并能够在托斯卡纳美景中与其他企业家和自由职业者进行自我比较。

HYBRID MASTERMIND:

可利用策划者的力量在短短7天内获得100年的经验。这一项目催生了新一代的混合体验：培训、大自然与可持续旅游业。

"CENHOLDING" 晚宴：

"CenHolding"这个词指的是12月29日举行的"伟大策划者的晚宴"，开玩笑地说也被称为"使您在竞争中赢得了两天的晚宴时间"。在参加活动的时候，新企业家可以寻找私人资金、投资人和商业天使并且获取新的投资之机会。

随着时间的流逝，它已成功成为一个国际投资中心。
当然，这也是开始新的一年的好晚餐，会确保您处在重要的信息流之中。有时仅一顿晚餐就足以改变您的人生和您的生意！

DIAMENE MASTERMIND INNER CIRCLE:

这是我个人内部圈子，我每年仅和8个人一起工作。如果这8个人其中有您，我将和您以及专注于个人成长的另外7个优秀人士一起工作，以增强您的思维和业务能力，以帮助您在接下来的12个月中在各个领域\中取得更好的业绩，并使利润翻番。

这似乎像大胆而雄心勃勃的言论，但这确实是基于我和我的客户自2010年以来一直取得的不可否认的结果。这要归功于久经考验以及有效的技术、策略和方法：这些因我在参与Mastermind期间不断获得的直接经验和知识而一年比一年都精益求精。

"学会了掌握Mastermind的力量的人十分幸运"

爱德华多·泽罗尼·马哲利著作

想象一下，您每周阅读完一本书，并与每周阅读一本书的另外 7 个人一起创建了一个智囊团队。

再想，您与他人交流并且共享知识，为了了解到到可以保证您获得 80％的结果的剩下 20%那部分。

您能理解智囊团队在个人方面和职业上能带来的非凡增长吗？

通过这本书，您了解了这强大的力量。现在由您决定

高瞻远瞩地思考问题，扩大你的视野。 当你被伟大的人包围着时，你也将做出伟大惊人的事情。

"对知识的投资总能带来最大的收益"
--本杰明·富兰克林

UPGRADE YOUR MIND → zelonimagelli.com

UPGRADE YOUR BUSINESS → zeloni.eu

Edoardo Zeloni Magelli

爱德华多·泽罗尼·马哲利

亚特兰蒂斯 2017年九月

www.ingramcontent.com/pod-product-compliance
Lightning Source LLC
Chambersburg PA
CBHW072209100526
44589CB00015B/2438